Sitzungsberichte des Plenums
und der Klassen
der Akademie
der Wissenschaften der DDR

Jahrgang 1973 · Nr. 6

W. Schirmer / K. Altenburg
H. Kriegsmann / G. Öhlmann

Theoretische, experimentelle und anwendungstechnische Fragen der Reaktionskinetik und Beziehungen zwischen den Parametern Struktur — Meßgröße — Reaktivität

Mit 3 Abbildungen

AKADEMIE-VERLAG · BERLIN
1973

Vorträge gehalten von Wolfgang Schirmer,
Ordentliches Mitglied der AdW der DDR,
Prof. Dr. Kurt Altenburg,
Prof. Dr. Heinrich Kriegsmann und Gerhard Öhlmann,
Korrespondierendes Mitglied der AdW der DDR
in der Sitzung der Klasse „Stoff und Stoffwandlung"
am 25. Januar 1973

Herausgegeben im Auftrage
des Präsidenten der Akademie
der Wissenschaften der DDR
von Vizepräsident Prof. Dr. Heinrich Scheel

Erschienen im Akademie-Verlag, 108 Berlin, Leipziger Straße 3–4

Lizenznummer: 202 · 100/600/73
Gesamtherstellung: VEB Druckhaus „Maxim Gorki", 74 Altenburg
Bestellnummer: 761 962 8 (2010/73/6) · ES 18 C
Printed in GDR
EVP 3,–

Inhaltsverzeichnis

W. Schirmer

Einleitende Bemerkungen

Die Untersuchung des Ablaufs chemischer Reaktionen in Abhängigkeit von dem Druck, der Temperatur und der Zusammensetzung des reagierenden Systems sowie der Struktur der Teilchen stellt für die Chemie eines der grundlegendsten Probleme dar. Eine neue Synthese gilt heute erst dann als gesichert, wenn möglichst genaue Angaben über den Mechanismus der Reaktion gemacht werden können. Für die Einführung einer chemischen Reaktion in den technischen Maßstab werden in immer stärkerem Maße Angaben über den Ablauf der der technischen Reaktion zugrunde liegenden Elementarvorgänge benötigt, besonders wenn der technische Prozeß der Modellierung unterworfen werden soll. Das reichlich vorhandene experimentelle Material wird durch den auf dem Gebiet der Reaktionskinetik arbeitenden Theoretiker in immer stärkerem Maße systematisch geordnet. Zahlreiche auf empirischer und halbempirischer Grundlage gewonnene Zusammenhänge und Ansätze gestatten es heute, Angaben über die Reaktionsfähigkeit von bisher noch nicht untersuchten chemischen Systemen zu gewinnen. Fragen des Reaktionsmechanismus sind nicht nur für die Modellierung von Reaktionen, die zu neuen technischen Verfahren führen, von Bedeutung, sie haben ebenfalls großen Einfluß auf die Rationalisierung und Intensivierung bestehender Produktionsprozesse.

Der gegenwärtige Stand der theoretischen Grundlagen für die chemische Kinetik muß als unzureichend bezeichnet werden. Die klassische Stoßtheorie und die vor etwa 40 Jahren von Eyring entwickelte Theorie des Übergangszustandes sind bis heute die einzigen umfassenden theoretischen Grundlagen von allgemeiner Bedeutung. Zu ihnen gesellt sich die auch schon seit mehreren Jahrzehnten vorliegende Theorie des unimolekularen Zerfalls. Auch die im letzten Jahrzehnt eingeführten Verfeinerungen in bezug auf die quantenmechanische Berechnung des Wechselwirkungspotentials, die Elementarvorgänge des Energieaustausches beim Stoß, die damit verbundenen Relaxationserscheinungen, Flugbahnberechnungen und die Bestimmung von

Potentialhyperflächen sowie der Einsatz neuer Methoden wie der Monte-Carlo-Methode brachten zwar einen beträchtlichen Fortschritt in der Beschreibung reagierender Systeme oder einzelner Gruppen von Reaktionen, sie führten jedoch bisher nicht zu einer umfassend anwendbaren allgemeinen Theorie der chemischen Reaktionskinetik. Nach wie vor gilt die an der Theorie des Übergangszustandes geübte Kritik, daß weder die Aktivierungsenergie noch die Aktivierungsentropie mit der nötigen Genauigkeit berechnet werden können, noch daß die Anwendung auf komplex zusammengesetzte größere Molekeln möglich ist.

Diese Situation ist um so erstaunlicher, je deutlicher wir uns bewußt werden, daß die Berechnung von Reaktivitätsparametern seit nahezu 50 Jahren eigentlich grundsätzlich gelöst ist. Vom Standpunkt der theoretischen Physik aus gesehen erfüllt die SCHRÖDINGER-Gleichung die Funktion einer ausreichenden theoretischen Grundlage für die Berechnung der Reaktionsfähigkeit chemischer Systeme. Dadurch, daß man sie für verschiedene Anordnungen von Atomkernen der miteinander reagierenden Molekeln löst, schafft man die Voraussetzungen, über die sogenannten Hyperflächen Aussagen über Gleichgewichtsabstände, Bindungsenergien und Reaktionswege zu erlangen. Seit Jahrzehnten intensiv durchgeführte Berechnungen ergaben, daß nur einfachste Modellsysteme mit wenigen Elektronen einer exakten Berechnung zugänglich sind. Selbst wenn man die moderne Computertechnik voll einsetzt und einen hohen Rechenaufwand in Kauf nimmt, gelingt es heute erst, die auf quantenmechanischen Grundlagen entwickelten halbempirischen Näherungsverfahren auf die Berechnung von Systemen mit etwa maximal 30 Elektronen anzuwenden. Damit werden jedoch auch heute viele der praktisch interessierenden Probleme bei weitem noch nicht erfaßt, so daß die zahlreichen, durch Korrelation verschiedener experimentell gewonnener Parameter abgeleiteten Beziehungen und Methoden zur Errechnung der Reaktionsgeschwindigkeit bestimmter Systeme für den Chemiker nach wie vor große Bedeutung haben. Zweifellos haben wir es hier mit einem für die theoretische Beherrschung chemischer Vorgänge allgemein bedeutenden Problem zu tun: Die Theorie läßt sich auf einfachste ideale Modellsysteme anwenden, während sie bei der Berechnung der komplexen realen Systeme versagt. Zwischen der Erkenntnis über die grundsätzliche Richtigkeit einer fundamentalen Beziehung und ihrer Anwendungsmöglichkeit auf praktisch interessierende Systeme besteht heute oft noch ein beträchtlicher Unterschied. Dieser läßt sich vielleicht nur durch systematische, über längeren Zeitraum geplante Bearbeitung und Weiterentwicklung des gesamten Gebietes allmählich ausgleichen. Dabei gibt nicht nur die streng gefaßte theoretische Grundlage Impulse für die Anwendung in der Praxis, sondern es entwickeln sich auch Rückkopplungseffekte von der Praxis zur theoretischen Grundlage hin. Die Theorie der Reaktionskinetik wird auch in Zukunft nicht auf den Einsatz empirischer und halbempirischer Beziehungen und Ansätze verzichten können.

In den letzten 10 Jahren wurde durch die Einführung neuer experimenteller Methoden in die chemische Reaktionskinetik umfassendes und in seiner Aussagefähigkeit wesentlich vertieftes experimentelles Material zusammengetragen. Zu diesen neuen Methoden gehören die Methode der gekreuzten Molekularstrahlen, die Stoßrohrtechnik, die Massenspektrometrie und verschiedene Verfahren der Molekülspektroskopie. Sie stellten Erkenntnisse über den Ablauf von Elementarvorgängen und kinetische Zusammenhänge bei chemischen Reaktionen zur Verfügung, die die theoretische Weiterentwicklung stark anregten.

Die Aussagen, die mit Hilfe dieser Methoden gewonnen werden, betreffen sowohl das Verhalten der Moleküle während der Reaktion als auch die dabei auftretenden Änderungen in der Struktur, der Ladungsverteilung, der Polarisierbarkeit, des Dipolmoments und anderer meßbarer Eigenschaften. Dadurch ergibt sich als wichtiges Forschungsproblem die Untersuchung der Beziehungen zwischen den Eigenschaften reagierender Teilchen, den erhaltenen Meßparametern und der Reaktivität. Die hierbei zu gewinnenden Aussagen sind sicherlich auch imstande, Angaben über den aktivierten Zwischenzustand zu machen und Schlußfolgerungen über die an der Reaktion beteiligten Anregungszustände zu ziehen. Die mit Hilfe dieser Analysenmethoden gewonnenen Informationen sind in einigen Fällen geeignet, als Regelgrößen auch auf den Ablauf technischer Prozesse Einfluß zu nehmen. Mit ihrer Hilfe dürfte es also möglich sein, technische Vorgänge zu regeln und zu optimieren. Daher kommt der Entwicklung einer leistungsfähigen Analysenmeßtechnik für die Untersuchung reaktionskinetisch-technischer Probleme eine große Bedeutung zu.

Die wesentliche Verbesserung der Untersuchungsmethoden ergab experimentelles Material, das den als schon gesichert angesehenen Wissensstand in vielen Fällen erneut in Frage stellte. Wir wissen heute, daß zum Beispiel viele früher als echt bimolekular ablaufende Molekülreaktionen zum Teil Kettenmechanismus besitzen. Das gilt auch für das klassische Beispiel der Bildung von Jodwasserstoff aus den Elementen. Auch durch die Untersuchung des Mechanismus von Reaktionen zwischen Radikalen und zwischen Molekülen und Ionen wurden wesentliche neue Erkenntnisse gewonnen, die eine gesicherte theoretische Grundlage verlangen. Von immer größerer Bedeutung werden schließlich Reaktionen, die außerhalb des durch die MAXWELL-BOLTZMANNsche Verteilung bestimmten Energiegleichgewichtes ablaufen. Es ist erforderlich, für solche Reaktionen neue Berechnungsgleichungen einzuführen und die Gesetzmäßigkeiten der Reaktionen „heißer" Systeme experimentell und theoretisch zu untersuchen.

Die in den letzten Jahren verstärkt eingeführten störungstheoretischen Ansätze stellten der Theorie der chemischen Reaktionskinetik neue Methoden zur Verfügung. Sie verzichten auf eine Berechnung der Aktivierungsenergie und berücksichtigen die zu Beginn einer chemischen Reaktion bei der gegenseitigen Durchdringung der Molekülorbitale auftretenden Energieänderungen. Von diesen Störungen ausgehend werden die Grundlagen für die Berechnung des gesamten Reaktionsablaufes geschaffen. Dieses auf stark vereinfachten Vorstellungen beruhende Vorgehen zeichnet sich dadurch aus, daß es allgemein anwendbar ist.

Es besitzt den Nachteil, nur in geringem Umfange zusätzliche Erkenntnisse über konkrete Eigenschaften des reagierenden Systems zu vermitteln. Ob störungstheoretische Ansätze geeignet sind, als Alternative zur Theorie des Übergangszustandes Voraussetzungen für eine allgemeine Theorie der Reaktionskinetik zu schaffen, wie das zum Beispiel von R. F. Hudson behauptet wird, muß daher zumindest heute noch stark bezweifelt werden. Immerhin ist es aber mit ihrer Hilfe möglich, die vor allem an Reaktionen der organischen Chemie gewonnenen Erkenntnisse über die Erhaltung der Orbitalsymmetrie bei Simultanreaktionen, die Hoffmann-Woodward-Regeln, zu berücksichtigen. Wahrscheinlich werden wir in Zukunft damit rechnen können, daß die störungstheoretischen Ansätze neben der Theorie des aktivierten Übergangszustandes und neben der Stoßtheorie als spezifisch einzusetzende grundsätzliche Methode für das Gebiet der Reaktionskinetik anzusehen sind.

Alles, was ich bisher sagte, bezog sich im wesentlichen auf Reaktionen in homogener Phase. Das Gebiet der Kinetik von Reaktionen in heterogener Phase, das so außerordentlich große praktische Bedeutung hat, stellt an eine Theorie neue, umfassendere Anforderungen, für die die Grundlagen heute noch keineswegs gesichert sind.

In der chemischen Verfahrenstechnik werden in immer stärkerem Umfange physikalische und mathematische Modelle zur Beschreibung, Regelung und Automatisierung der Prozesse aufgestellt. Ein solches Modell verlangt eine möglichst exakte Kenntnis der mikrokinetischen Elementarvorgänge, so daß in der verfahrenstechnischen Forschung heute immer stärker der Versuch gemacht wird, mit Hilfe statistisch-thermodynamischer Ansätze kinetische Daten über Elementarreaktionen mit dem makrokinetischen Zeitgesetz der meist komplex ablaufenden Gesamtreaktion zu verbinden. Die dabei auftretenden Beziehungen werden dadurch kompliziert, daß auf die Dynamik eines technischen Vorganges auch rein physikalische Vorgänge wie Konvektion und Diffusion Einfluß nehmen. Es ist daher erforderlich, bereits bei der Modellierung einer relativ einfachen Reaktion im technischen Maßstab bis zu zehn Variable zu berücksichtigen. Die Korrelation der Mikrokinetik mit der Makrokinetik verläuft in fast allen Fällen über mehrere Stufen und kann bis heute nur in wenigen Ausnahmen realisiert werden. Noch immer muß der Verfahrenstechniker also das Zeitgesetz der von ihm untersuchten Reaktion durch Probieren finden. Die sich immer stärker durchsetzende Tendenz, technische Prozesse zu modellieren, wird zweifellos in den nächsten Jahren zu einer verstärkten experimentellen und theoretischen Bearbeitung dieses Gebietes führen. Dabei wird auch in Zukunft dem Experiment entscheidende Bedeutung zukommen.

Entsprechend diesen einleitenden Bemerkungen gliedern wir die von uns in der heutigen Klassensitzung zu machenden Ausführungen in drei Teile:

1. Theoretische Grundlagen der Reaktionskinetik,
2. Über Zusammenhänge zwischen Struktur, physikalischen Meßgrößen und Reaktivität und
3. Probleme der experimentellen chemischen Reaktionskinetik.

Wir hoffen, damit Material vorzulegen, das für die Planung von Forschungsaufgaben auf dem Gebiet der chemischen Reaktionskinetik in der DDR Voraussetzungen schafft und geeignet ist, eine Auswahl der wichtigsten von uns zu bearbeitenden Probleme zu ermöglichen.

K. Altenburg

Theoretische Grundlagen der Reaktionskinetik

Eine zentrale Stellung in der Chemie und damit auch in der theoretischen Chemie nimmt die Reaktionskinetik ein. Am zeitlichen Ablauf stoffwandelnder Prozesse sind in den meisten Fällen zahlreiche, in verschiedener Weise gekoppelte physikalisch-chemische Elementarprozesse[1] beteiligt. Der Weg zur theoretischen Vorausberechnung des Ablaufes komplexer Bruttoreaktionen, ausgehend von den zugrundeliegenden chemischen Elementarprozessen ist prinzipiell bekannt, wenngleich die praktische Realisierung dieser Aufgabe heute, abgesehen von den allereinfachsten Systemen aus methodischen und praktisch-mathematischen Gründen nicht möglich ist.

1. Die prinzipiellen Wege zur Berechnung reaktionskinetischer Parameter und das Ziel der theoretischen Reaktionskinetik

Um die Entwicklungstendenzen der theoretischen Reaktionskinetik überblicken zu können, ist es zweckmäßig, sich die Zusammenhänge vom chemischen Elementarprozeß ausgehend bis zur Makrokinetik zu vergegenwärtigen.

Die Berechnung reaktionskinetischer Parameter erfolgt prinzipiell in verschiedenen Stufen, die jeweils den Einsatz spezifischer Methoden erfordern (s. Abb. 1).

Ausgangspunkt einer derartigen Theorie bildet die Berechnung der Eigenschaften der isolierten Atome und Moleküle. Diese Aussagen erhält man mittels der Methoden der Quantentheorie gebundener Zustände, im folgenden als statische Quantenchemie bezeichnet. Experimentelle Aussagen hierzu

[1] Unter Elementarprozessen wollen wir im folgenden Vorgänge verstehen, die zwischen einzelnen Atomen bzw. Molekülen ablaufen, unter Elementarreaktionen sollen jene Vorgänge zusammengefaßt werden, die sich durch statistische Mittelung über Elementarprozesse ergeben.

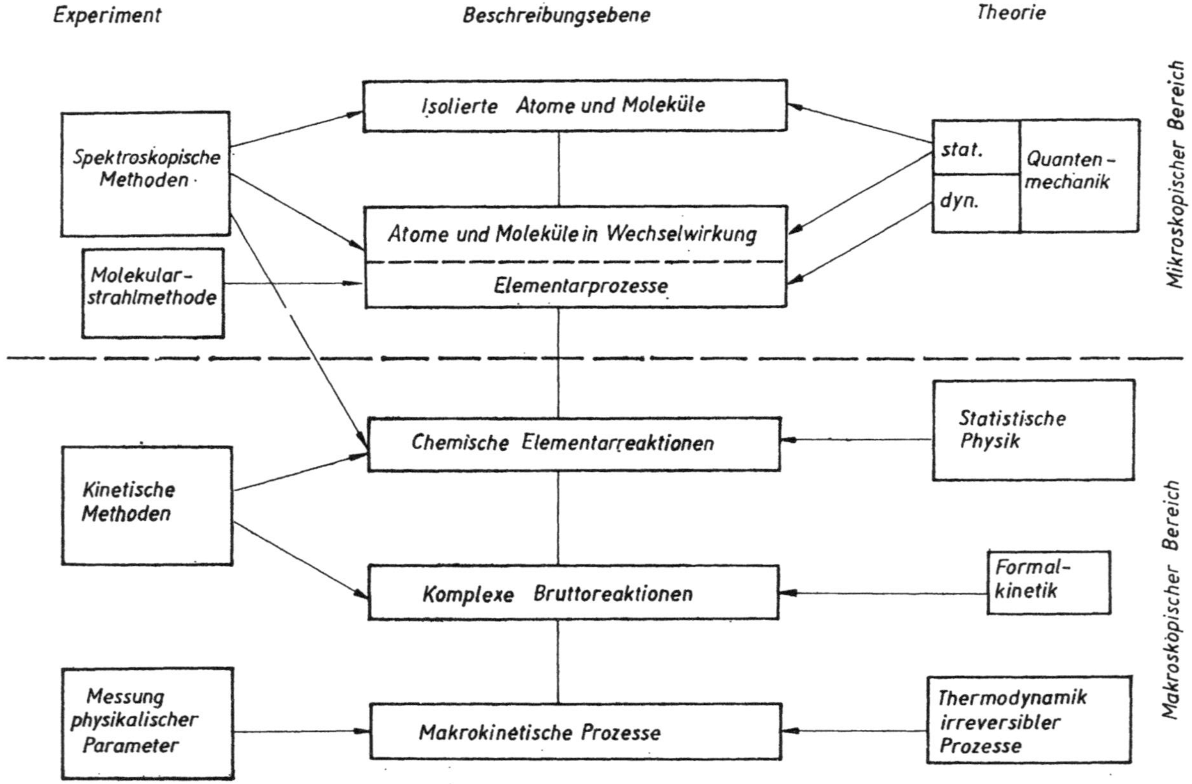

Abb. 1: Die unterschiedlichen Beschreibungsebenen für chemische Reaktionen

kann man mittels spektroskopischer Methoden (im weitesten Sinne) machen.

Die Berechnung von Reaktionsparametern erfolgt hierauf aufbauend in mehreren Schritten.

Im ersten Schritt sind die Wechselwirkungspotentiale zwischen allen an einem Elementarprozeß beteiligten Atomen und Molekülen (als Funktion der Koordinaten aller Teilchen) für die verschiedenen möglichen Anregungszustände der Elektronen sowie der Schwingungs- und Rotationszustände der miteinander reagierenden und der entstehenden Moleküle zu bestimmen. Diese Berechnungen erfolgen ebenfalls mit den Methoden der statischen Quantenchemie. Besteht das System aus N Partikeln, so läßt sich das Wechselwirkungspotential als eine Hyperfläche in einem $(3N - 6) + 1$-dimensionalen Raum darstellen („Potentialhyperfläche"); für ein kollineares System aus 3 Partikeln reduziert sich diese Potentialhyperfläche auf eine dreidimensionale (anschaulich darstellbare) Potentialfläche (s. Abb. 2).

Im zweiten Schritt erfolgt die Berechnung der Wirkungsquerschnitte für die elastischen, inelastischen und relativen Stöße zwischen den an den Elementarprozessen beteiligten Atomen bzw. Molekülen mittels der quantenmechanischen Streutheorie, der „dynamischen Quantenchemie". Experimentell lassen sich derartige Prozesse mittels der Molekularstrahlmethode verfolgen.

Im dritten Schritt werden die Geschwindigkeitskonstanten der Elementarreaktionen aus den Wirkungsquerschnitten der Elementarprozesse durch statistische Mittelung unter Verwendung geeigneter Verteilungsfunktionen berechnet. Dieser Schritt, der zugleich den Übergang vom mikroskopischen zum makroskopischen Bereich darstellt, erfolgt unter Benutzung der Methoden der statistischen Mechanik. Um diesen Schritt durchführen zu können, ist es erforderlich, Aussagen über die Energieverteilung der einzelnen Partikel des Reaktionsgemisches zu machen. Ausreichende Kenntnisse hierüber besitzen wir z. Z. nur für Vorgänge in Gasen; dies ist ein Grund dafür, daß auf diese Weise nur Gasphasenreaktionen behandelt werden können.

Im vierten Schritt werden unter Benutzung der Methoden der Formalkinetik die Geschwindigkeitskonstanten der Bruttoreaktionen aus den Geschwindigkeitskonstanten der Elementarreaktionen bestimmt.

Im fünften und letzten Schritt werden diese reaktionskinetischen Parameter mit den Stoff- und Energietransportgrößen unter technischen Reaktionsbedingungen verknüpft. Hierbei spielt die Thermodynamik irreversibler Prozesse die entscheidende Rolle.

Es sei ausdrücklich betont, daß es nicht Aufgabe der theoretischen Reaktionskinetik ist, etwa für alle technisch interessierenden Prozesse das hier

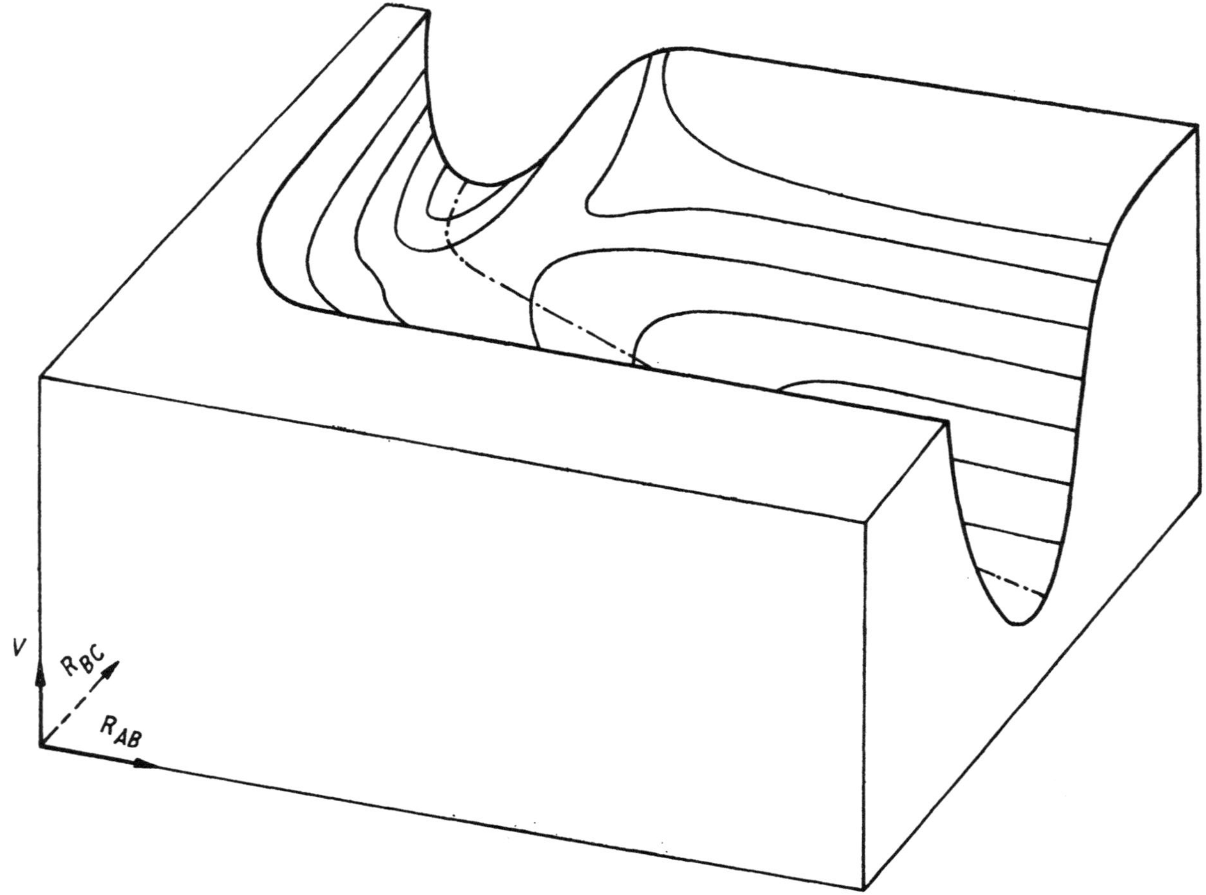

Abb. 2: **Ausschnitt aus der Potentialfläche für eine Reaktion $A + BC \rightarrow AB + C$ (kollinearer Fall)**

dargestellte Programm explizit durchzuführen. Das Ziel der theoretischen Reaktionskinetik liegt vor allem

— in der Aufklärung allgemeiner Gesetzmäßigkeiten der Eigenschaften und des Verhaltens von Molekülen und Stoffen und deren Umwandlungen
— in der Erarbeitung theoretisch fundierter Modellvorstellungen und Konzeptionen

und

— in der Rationalisierung der experimentellen Forschung durch Planung, Lenkung und Optimierung von Experimenten.

Die eingangs geschilderte allgemeine Konzeption zur Behandlung reaktionskinetischer Probleme läßt sich vollständig gegenwärtig nur auf einfachste Gasphasenreaktionen anwenden. Die bei diesen Rechnungen auftretenden Mehrteilchenprobleme erfordern bereits in diesen Fällen einen sehr hohen rechentechnischen Aufwand; aus diesem Grunde ist mit einer ab-initio-Behandlung von Reaktionen mittelschwerer Atome und größeren Molekülen auch bei optimistischer Einschätzung der Entwicklung der Computertechnik in absehbarer Zeit nicht zu rechnen.

Für die praktische Lösung reaktionskinetischer Probleme spielen deshalb auch weiterhin vereinfachte Theorien, wie z. B. die EYRINGsche Theorie des Übergangszustandes eine wesentliche Rolle.

Diese vereinfachten Theorien und Modelle benutzen im allgemeinen implizit die dargestellte Konzeption. Bei der praktischen Durchführung werden jedoch nicht alle Schritte explizit durchgerechnet, sondern es werden einzelne Schritte unter Einbeziehung experimenteller Daten bzw. unter Benutzung bestimmter Erfahrungen des Chemikers wesentlich vereinfacht. Dieses Vorgehen sei am Beispiel der Theorie des Übergangszustandes erläutert.

Während bei der Benutzung des eingangs skizzierten Weges die gesamte Potentialhyperfläche für die möglichen Elementarprozesse der an der Reaktion beteiligten Atome und Moleküle berechnet werden muß, benötigt man bei der Anwendung der Eyringschen Theorie nur Kenntnisse über ausgewählte Teilgebiete dieser Fläche und zwar in der Nähe der Ausgangsprodukte und für den Übergangszustand. Weiterhin umgeht man in dieser Theorie die sehr aufwendige statistische Mittelung, indem man die Gleichgewichtsthermodynamik in einer etwas abgewandelten Form auf die Ausgangsprodukte und den Übergangszustand anwendet.

Es ist im allgemeinen nicht möglich, begründete Aussagen über Gültigkeitsbereich und Genauigkeit der vereinfachten Theorien zu machen. Um diese Fragen zu klären, ist eine theoretische Fundierung solcher Konzeptionen erforderlich. Eine Möglichkeit hierzu besteht darin, sie anhand ausgewählter Beispiele mit den Ergebnissen exakterer Untersuchungen zu vergleichen, um so etwa festzustellen, inwieweit die bei der Aufstellung der vereinfachten Theorie benutzten Näherungen zulässig waren. Mittels derartiger vergleichender Untersuchungen ist es möglich, die Gültigkeitsbereiche der vereinfachten Theorien abzustecken und gleichzeitig diese Theorien Schritt für Schritt zu verbessern.

2. Einige spezielle Probleme bei der Berechnung chemischer Elementarprozesse

Im folgenden soll kurz auf den Entwicklungsstand [1], die Entwicklungstendenzen und einige in der Arbeitsgruppe „Chemische Elementarprozesse“ (*Leiter: Dr. Zülicke*) der Abteilung Theoretische Chemie des Zentralinstituts für Physikalische Chemie durchgeführte Arbeiten [2] zu den ersten beiden Problemkomplexen, die Berechnung von Potentialhyperflächen und von Elementarreaktionen eingegangen werden.

Wir betrachten dazu eine Gasphasenreaktion der Form $A + BC \rightarrow AB + C$. Den Ausgangspunkt der theoretischen Behandlung bildet die Berechnung der Potentialfläche, d. h. der Berechnung der Energie des Systems als Funktion der Koordinaten der Atomkerne A, B und C. Für einen kollinearen Stoß läßt sich die Energie des Systems im dreidimensionalen Raum als Funktion der Abstände der Atome AB bzw. AC darstellen (s. Abb. 2). In allen anderen Fällen ist eine anschauliche Darstellung des Gesamtverlaufes der Potentialfläche nicht möglich. Die Berechnung derartiger Potentialflächen bzw. Potentialhyperflächen erfolgt mittels der Methoden der Quantenchemie; hierbei werden ab-initio- bzw. semiempirische Verfahren benutzt. Der rechentechnische Aufwand zur ab-initio-Berechnung der Energie eines molekularen Systems ist bereits für e i n e Kernkonfiguration beträchtlich; die Bestimmung einer Potentialfläche erfordert jedoch derartige Rechnungen für eine Vielzahl von Kernfigurationen. Daraus folgt, daß eine ab-initio-Berechnung von Potentialhyperflächen z. Z. nur für sehr einfache Systeme durchführbar ist, z. B. $H_2 + H$, $H^- + CH_4$, $F^- + CH_3F$ und $NH_3 + HCl$. Das größte bisher mit ab-initio-Methoden berechnete System ist die Reaktion $CN^- + CH_3F \rightarrow CH_3CN + F^-$, ein System mit 7 Atomen und insgesamt 32 Elektronen. Es sei darauf hingewiesen, daß man bei derartigen Rechnungen für relativ komplizierte Systeme, um den Aufwand zu verringern, im allgemeinen nur einen Teil der Kernkoordinaten variiert und für die übrigen Abstände bzw. Bindungswinkel die Gleichgewichtsdaten der Ausgangs- bzw. Endprodukte benutzt.

Für größere Systeme können z. Z. Potentialhyperflächen nur mittels semiempirischer Verfahren berechnet werden. Diese Verfahren unterscheiden sich von den ab-initio-Methoden insbesondere dadurch, daß ein großer Teil der molekularen Integrale entweder vernachlässigt oder anhand experimenteller Daten (insbesondere der Elektronenspektren) justiert wird. Die Berechnung von Potentialflächen mit semiempirischen Verfahren stößt auf prinzipielle Schwierigkeiten. Die in diese Verfahren eingehenden empirischen Parameter werden aus Moleküldaten in der Nähe der Gleichgewichtskonfigurationen bestimmt; zur Berechnung von Potentialflächen benötigt man jedoch auch die Energie von Systemen für Zustände, die weit von der Gleichgewichtsanordnung entfernten Konfigurationen des Systems entsprechen. Daraus ergeben sich bei der Parameterwahl Schwierigkeiten. Durch einen Vergleich von semiempirisch berechneten Potentialflächen mit ab-initio-Resultaten ist es möglich, die semiempirischen Methoden so weiter zu entwickeln, daß sie zuverlässige Aussagen über Potentialflächen und damit über reaktionskinetische Probleme ermöglichen [2a].

Die quantenchemischen Rechnungen, sowohl die ab-initio-Rechnungen als auch die semiempirischen Verfahren, liefern diskrete Punkte der Potentialfläche. Für die folgenden Schritte der Rechnung benötigt man eine möglichst einfache analytische Darstellung des Potentialverlaufs. Es ist zweckmäßig, für bestimmte Teile der Potentialfläche geeignet gewählte Potentialfunktionen (z. B. Morsepotentiale) vorzugeben und die freien Parameter dieser Funktionen an die berechneten Punkte anzupassen. Die gesamte Potentialfläche wird dann stückweise unter Beachtung der Randbedingungen zusammengesetzt [2b].

Im zweiten Schritt der reaktionskinetischen Berechnung sind unter Benutzung der Potentialhyperfläche die Wirkungsquerschnitte der Elementarprozesse zu bestimmen. Eine Reaktion verläuft so, daß sich die Reaktionspartner A und BC einander nähern; es entsteht ein Übergangskomplex, der schließlich in das Molekül AB und das Atom C zerfällt. Bei der quantenmechanischen Behandlung kann der Vorgang beispielsweise durch die Bewegung eines Wellenpaketes beschrieben werden, das auf die Potentialschwelle zuläuft und zum Teil reflektiert, zum Teil durchgelassen wird. Eine derartige quantenmechanische Behandlung des Reaktionsvorganges ist, obwohl der Sachverhalt recht einfach erscheint, nur näherungsweise und mit recht hohem Aufwand möglich. Die bisher entwickelten Verfahren (u. a. CLOSE-COUPLING-, Wellenpaket-, DISTORTED-WAVE-Näherung) sind, mit Ausnahme der letztgenannten Methode, bisher nur auf kollineare Stöße dreiatomiger Systeme anwendbar. Untersuchungen mittels der DISTORTED-WAVE- und der Wellenpaket-Näherung werden in der Abteilung Theoretische Chemie durchgeführt [2c, d].

Einfacher und vor allem anschaulicher ist die Behandlung der Elementarvorgänge in klassischer bzw. halbklassischer Näherung. Die Bewegung des reagierenden Systems erfolgt dann annähernd nach den klassischen Bewegungsgleichungen; sie läßt sich so verhältnismäßig einfach berechnen und anschaulich durch Bahnkurven (Trajektorien) darstellen (s. Abb. 3). Der-

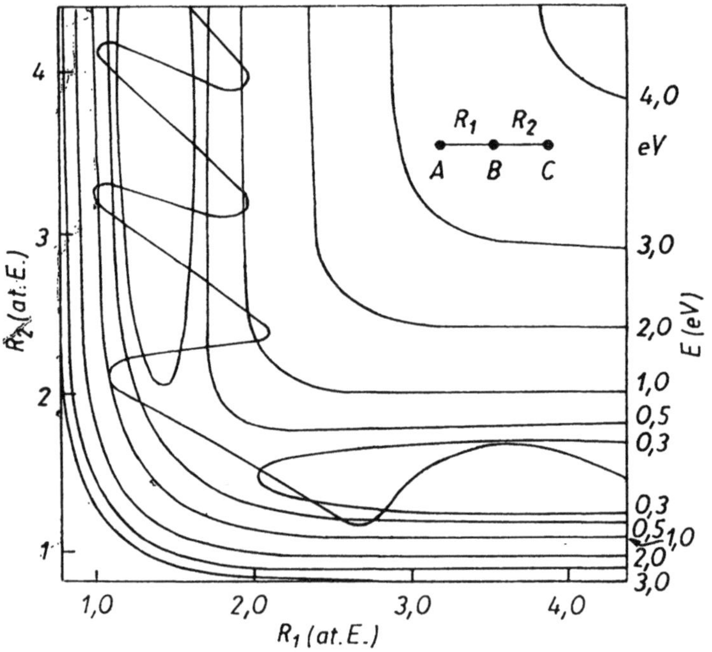

Abb. 3: Potentialfläche (Höhenliniendarstellung) für das kollineare System $H_2 + H$ mit reaktiver Trajektorie

artige Rechnungen werden gegenwärtig routinemäßig für dreiatomige und in Kürze für vieratomige Systeme durchgeführt. Ein in der Abteilung Theoretische Chemie entwickeltes Computer-Programm liefert bei Vorgabe der Potentialfläche für dreiatomige Systeme automatisch die Trajektorien, eine Analyse der Gesamtenergie vor und nach dem Stoß wählt bei vorgegebenem Schwingungs- und Rotationszustand des Reaktantmoleküls und der Relativgeschwindigkeit der stoßenden Teilchen die übrigen Anfangsbedingungen (Stoßparameter und Phasenlage von Rotation und Schwingung) mittels eines stochastischen Verfahrens aus und bestimmt nach Durchrechnung einer vorgebbaren großen Zahl von Trajektorien die Reaktionswahrscheinlichkeiten.

Aus derartigen Rechnungen lassen sich vielfältige Informationen über die Elementarprozesse gewinnen, z. B. über den Einfluß von Rotations- und Schwingungsanregungen auf die Reaktionswahrscheinlichkeit, Isotopieeffekt usw [2e].

Abschließend seien die wesentlichen aktuellen Probleme der Berechnung von chemischen Elementarreaktionen zusammengestellt. Es sind dies

— die Bestimmung von Potentialhyperflächen (auch von größeren Systemen) mittels ab-initio- bzw. semiempirischen Verfahren
— die Konstruktion von Modellpotentialen
— die Entwicklung effektiver und einfacher streutheoretischer Näherungsmethoden, insbesondere für Prozesse mit mehr als 3—4 Atomen und für elektronisch nichtadiabatische Prozesse
— die theoretische Fundierung und Weiterentwicklung vereinfachter Modelltheorien (vom Typ der EYRINGschen Theorie).

In vielen Ländern wird intensiv an diesen Problemen gearbeitet, so daß in den nächsten Jahren schnelle Fortschritte und wesentliche neue Erkenntnisse zu erwarten sind.

Literatur

[1] Zusammenfassende Darstellungen s. z. B.
HARTMANN, H. (Hrsg.): „*Chemische Elementarprozesse*", Springer-Verlag, Berlin 1968.
LEVINE, R. D.: „*Quantum Mechanics of Molecular Rate Prozesses*", Clarendon Press, Oxford 1969.
NIKITIN, E. E.: „*Theorie elementarer Atom-Molekül-Prozesse in Gasen*", Chimija, Moskau 1970 (russ.)
[2] Ergebnisse von Arbeiten der Abt. Theoretische Chemie (Arbeitsgruppe Chemische Elementarreaktionen) wurden von L. ZÜLICKE und Mitarb. auf der 6. Arbeitstagung über Probleme der Quantenchemie in Heiligendamm (Februar 1973) vorgetragen; vgl. auch
a) FLOREK, T. u. M. HANNICH: Diplomarbeit, Humboldt-Universität, Berlin 1973
b) MARCUSSON, P.: Dissertation, Humboldt-Universität, Berlin 1973
c) ZUHRT, CHR.: Dissertation, Forschungsbereich Chemie der Akademie der Wissenschaften der DDR, Berlin 1973
d) KAMAL, T.: Dissertation (in Vorbereitung)
e) HAVEMANN, U.: Dissertation (in Vorbereitung).

H. Kriegsmann

Über einige Zusammenhänge zwischen Struktur, physikalischen Meßgrößen und Reaktivität

Einleitung:

Die Vorhersage der Reaktivität einer chemischen Verbindung ist der Wunschtraum der meisten Chemiker. Umfangreiche präparative Arbeit könnte eingespart werden, wenn es gelänge, allgemein gültige Zusammenhänge zwischen Struktur und Reaktivität herzustellen. Der Komplex gehört zum größeren Gebiet „Zusammenhänge zwischen Struktur und Eigenschaften". Seine erfolgreiche Bearbeitung ist die Voraussetzung zur gezielten Herstellung von Substanzen und Werkstoffen mit vorausbestimmten gewünschten Eigenschaften. Unter Struktur soll dabei sowohl die geometrische Anordnung der Atome im Molekül als auch die Verteilung der Ladungsdichte verstanden werden. Die Lösung des Problems — auch Teillösungen — haben für alle Gebiete der Stoffwandlung erhebliche Bedeutung.

1. Grundlagen und derzeitiges Vorgehen bei der Bearbeitung

Das Bestreben einer Verbindung, bestimmte chemische Reaktionen einzugehen, hängt außer von äußeren Faktoren — wie Konzentration, Temperatur, Medium usw. — wesentlich von der geometrischen und elektronischen Struktur der beteiligten Moleküle ab. Eine Voraussage von absoluten Reaktionsgeschwindigkeiten ist auf der Grundlage quantenchemischer Berechnungen von Stoßquerschnitten, Energiehyperflächen usw. zwar prinzipiell möglich, für die meisten praktisch interessierenden Fälle, insbesondere für Reaktionen in kondensierten Phasen, können aber gegenwärtig und in naher Zukunft derartige Rechnungen aus verschiedenen Gründen nicht mit vertretbarem Aufwand durchgeführt werden.

Man ist deshalb auf das Einhalten von vereinfachenden Randbedingungen und auf halbempirische Betrachtungen angewiesen:

a) Es werden keine absoluten Reaktionsgeschwindigkeiten, sondern nur relative Änderungen der Reaktivitäten betrachtet.

b) Bei einer bestimmten Reaktion werden alle Partner konstant gehalten, lediglich die Struktur einer beteiligten Molekülsorte wird variiert. Die Veränderung der Reaktivität wird auf die Beeinflussung der elektronischen Struktur der variablen Komponente zurückgeführt (gleicher Übergangszustand für alle Reaktionen).

c) Die Variationen der elektronischen Struktur der einen Reaktionskomponente (Substituentenvariation) darf keine sterische Beeinflussung der Reaktion bedingen.

d) Der Substituenteneinfluß soll sich in einer spezifischen physikalischen Meßgröße widerspiegeln, die experimentell leicht zugänglich ist (Instrumentalanalyse) und die das Reaktionszentrum des betrachteten Moleküls charakterisiert.

Bei Einhaltung der genannten vier Randbedingungen kann die erhaltene physikalische Meßgröße korrelativ mit den Reaktivitäten der Verbindungen verknüpft werden. Unter Anwendung halbempirischer Verfahren auf quantenchemischer Grundlage können dann die durch Substituenteneffekte hervorgerufenen Veränderungen der elektronischen Struktur und die dadurch bedingten Reaktivitätsänderungen ermittelt werden.

2. Methoden zur Charakterisierung und derzeitiger Stand

Prinzipiell können alle Methoden zur Charakterisierung eingesetzt werden, die Aussagen zur Struktur und dabei insbesondere zur Ladungsverteilung beitragen.

In den meisten der bis jetzt erschienenen Arbeiten werden Meßparameter instrumentalanalytischer Methoden mit den Hammettschen bzw. Taftschen G-Konstanten korreliert. Statt der relativen G-Konstanten werden — soweit bekannt — auch Geschwindigkeitskonstanten, p_k-Werte u. ä. Größen zur Korrelation benutzt. Da G-Konstanten und die Summe der Elektronegativitäten der Substituenten oft in engem Zusammenhang stehen, müssen auch solche Ergebnisse mit in Betracht gezogen werden. Die meisten solcher Aussagen sind mit einer Grundschwierigkeit behaftet: Die Reaktionskonstanten berücksichtigen den Übergangszustand, die meisten instrumentalanalytischen Meßgrößen gehen vom Grundzustand aus. Solange die Einschränkung 1. b) gilt, erhält man aber in den meisten Fällen deutliche funktionelle, oft lineare Abhängigkeiten.

Die am häufigsten benutzten Meßparameter sind charakteristische Wellenzahlen aus den IR- und Ramanspektren, chemische Verschiebungen aus der Protonenresonanz. IR- und Ramanintensitäten, Isomerieverschiebungen und zum Teil auch Quadrupolaufspaltungen aus der Mössbauerspektrometrie, Appearence-Potentiale und Fragmenthäufigkeiten aus der Massenspektrometrie, Halbstufenpotentiale aus der Polarographie, neuerdings auch Signalverschiebungen in der Photoelektronenspektroskopie.

Die Vielzahl der eingesetzten Methoden ist z. T. dadurch bedingt, daß in jedem Falle etwas anders geartete Zusammenhänge zwischen Elektronenstruktur und Meßparameter bestehen und in allen Fällen vereinfachte Modellvorstellungen benutzt werden. Je nach Art des untersuchten Reaktionszentrums und der gemessenen Atomgruppierung (beides kann, aber muß nicht identisch sein!) kann da die eine, dort die andere Methode besser ansprechen. In vielen, bei weitem aber nicht in allen Fällen korrelieren die Meßparameter der einzelnen Meßmethoden dann miteinander.

Unbedingt müssen die Einflüsse des Aggregatzustandes und des evtl. verwendeten Lösungsmittels beachtet werden. Die Meßparameter werden hiervon z. T. stärker beeinflußt als durch Substitution. Das gilt natürlich auch für die Reaktivitäten. Extrapolationen von einem Lösungsmittel oder Aggregatzustand zum anderen sollten nur dann vorgenommen werden, wenn man den Einfluß wenigstens halbquantitativ abschätzen kann. In einer ganzen Reihe publizierter Arbeiten wird dieser Grundsatz leider mißachtet.

3. Tendenzen der Weiterentwicklung

Die allein auf rein quantenchemischen Rechnungen beruhende Ermittlung von absoluten bzw. relativen Reaktivitäten wird für die Mehrzahl der praktisch interessierenden Systeme auch in den nächsten zehn Jahren nicht lösbar sein. Erst im Anfangsstadium einer sicher außerordentlich erfolgsträchtigen Entwicklung steht der gemeinsame Einsatz von quantenmechanischen und instrumentalanalytischen Methoden. Dabei kommt es zunächst unabhängig von Fragen der Reaktivität darauf an, die Zusammenhänge zwischen den Meßparametern der einzelnen Methoden und der Ladungsdichte und Elektronenstruktur besser und verallgemeinerungsfähiger als bisher herauszuarbeiten. Die ständige Erweiterung und Verbesserung des meßtechnischen Instrumentariums als auch der laufend steigende Einsatz der modernen Rechentechnik wird dieses von zahlreichen Wissenschaftlern in der Welt bearbeitete Gebiet sehr fördern. Ganz beträchtliche Beiträge sind dabei durch die Messung der kernmagnetischen Resonanz, vor allem des ^{13}C, die ebenfalls erst im Anfang stehenden Intensitätsmessungen in der Infrarot- und Ramanspektroskopie zu erwarten (sehr empfindlich ansprechende Änderung der Abschirmung der Skelettkerne der Moleküle, Änderungen des Dipolmomentes bzw. der Polarisierbarkeit während des Schwingungsvorganges). Außerdem werden die Photoelektronenspektroskopie wegen der unmittelbaren Beziehung ihrer Signale zu den Molekülorbitalen sowie die Massenspektroskopie steigende Bedeutung erlangen.

Aus den unter 1. a)—d) genannten Gründen wird auch in den nächsten Jahren das Schwergewicht auf der Untersuchung von Substitutionsreihen liegen. Dabei werden vorerst noch folgende Fragen im Vordergrund stehen:

a) Welche Meßgrößen sind zur Charakterisierung bestimmter Reaktivitäten geeignet und warum?

b) Welche Modellvorstellungen sind zur theoretischen Deutung geeignet?

c) Wie können Abweichungen von den erwarteten Zusammenhängen zwischen den verschiedenen Größen erklärt werden?

Ob es in zehn Jahren bereits möglich ist, allgemeine Aussagen wie etwa über die Abhängigkeit der Reaktivität von der Polarisierbarkeitsänderung zu machen, kann jetzt noch nicht eingeschätzt werden, liegt aber im Bereich des Möglichen. Auf jeden Fall sollten entsprechende Untersuchungen in Angriff genommen werden.

Weiterhin sollte versucht werden, in den nächsten Jahren die Empfindlichkeit einiger Analysenmethoden so zu steigern, daß es möglich wird, den Übergangszustand direkt zu charakterisieren.

An einigen Beispielen wird der derzeitige Stand der Untersuchungen dargelegt.

(Lineare Zusammenhänge zwischen Schwingungsfrequenzen — u. Intensitäten sowie chemischen Verschiebungen aus der NMR-Spektroskopie u. TAFTschen G-Konstanten; Zusammenhang zwischen der Kinetik der Elektronenstoßfragmentierung in der Massenspektroskopie und der Reaktionskinetik in flüssiger Phase, direkte Zusammenhänge zwischen quantenchemisch ermittelter Elektronendichte, ^{13}C-Resonanz und Reaktivitätskonstanten). Alle Beispiele beziehen sich auf spezielle Substanzsysteme. Eine Verallgemeinerung ohne kritische experimentelle Prüfung ist z. Z. noch nicht möglich. Sie lassen deutlich erkennen, wie solche Untersuchungen sowohl zur besseren theoretischen Durchdringung der Reaktionen als auch zur Rationalisierung der präparativen Arbeit beitragen können.

G. Öhlmann

Probleme der experimentellen chemischen Reaktionskinetik

Die Entwicklung der letzten Jahre hat mit zunehmender Deutlichkeit gezeigt, daß die Analyse chemischer Prozesse mit dem Ziel ihrer optimalen technischen Gestaltung ein komplexes Herangehen erforderlich macht.

Man kann nämlich heute zwei Etappen der Untersuchung chemischer Prozesse unterscheiden: erstens die Erforschung der Mikrokinetik und zweitens die Aufklärung der Rolle sowie des quantitativen Einflusses von Stoff-, Wärme- und Impulsaustauschvorgängen in Abhängigkeit von der Gestaltung des Reaktors.

Die Gesamtheit der hierbei bedeutsamen physikalischen Vorgänge wird oft auch mit dem Begriff der Makrokinetik eines Prozesses bezeichnet.

Während früher die Untersuchung der Mikrokinetik, d. h. die Untersuchung des zeitlichen Ablaufs einer Reaktion unter Ausschluß limitierender Bedeutung von Transportvorgängen, vorwiegend eine Domäne der theoretischen Grundlagenforschung war, und die angewandte Untersuchung danach trachtete, die Realisierung der Reaktion im Labor der technischen Verwirklichung möglichst ähnlich zu gestalten, setzen die Methoden der mathematischen Prozeßmodellierung eine genaue Kenntnis des mikrokinetischen Zeitgesetzes voraus.

Da wir von der Lösung des Problems der absoluten Berechnung der Geschwindigkeit chemischer Reaktionen noch weit entfernt sind, gewinnt das kinetische Experiment zunehmend an unmittelbarer technischer Bedeutung.

Die chemische Reaktionskinetik wird gewissermaßen zum Bindeglied zwischen chemischer Forschung und industrieller Verfahrenstechnik.

Als Folge dieser Entwicklung sind die Anforderungen an den Umfang und die Genauigkeit kinetischer Informationen gewachsen. Erhöht haben sich auch die Anforderungen an die zulässigen Bearbeitungszeiten, während zugleich auch immer komplexere Reaktionen und Reaktionssysteme einer kinetischen Untersuchung zugängig gemacht werden müssen.

Daraus ergibt sich das Problem der Steigerung der Effektivität kinetischer Untersuchungen, für die die Anwendung der mathematischen Rechentechnik in allen Phasen der Erarbeitung kinetischer Modelle sicher von großer Bedeutung ist.

Man darf jedoch gewiß sein, daß auch die Vervollkommnung der Technik des kinetischen Experiments hierdurch neue Impulse erhält und schließlich Nutznießer dieser Entwicklung nicht nur die chemische Technik, sondern nicht zuletzt auch die Theorie der chemischen Reaktionen sein wird.

Gegenstand der chemischen Kinetik ist nun aber nicht nur die Ermittlung der mathematischen Geschwindigkeitsgleichung (oder des kinetischen Zeitgesetzes), sondern ebenfalls die Aufklärung des Mechanismus chemischer Reaktionen.

Es ergibt sich die Frage, inwieweit auch diese z. Teil erheblich schwieriger zu lösende Aufgabe Bestandteil der Erarbeitung eines kinetischen Modells für die Prozeßmodellierung zu sein hat.

Der Ingenieur versucht im allgemeinen mit minimalen Kenntnissen über den Reaktionsmechanismus auszukommen. Das ist in der Regel einfach, wenn die Hauptprodukte leicht abzutrennen sind, d. h., das Produkt als reine Komponenten oder als einfaches Gemisch anfällt.

Schwieriger ist es schon, wenn das Produkt als ein komplexes Gemisch entsteht, das nur partiell in verkaufsfähige Produktgemische getrennt wird, deren Verwertung wiederum stark von ihrer Zusammensetzung abhängt. Nahezu ausgeschlossen scheint es jedoch zu sein, ohne Kenntnisse des Reaktionsmechanismus auszukommen, wenn das Produkt keinem besonderen Trennprozeß unterworfen wird und zugleich sehr hohe Anforderungen an seine Zusammensetzung und an seine Molekülstruktur gestellt werden. Das gilt insbesondere für Polymerisationsprozesse.

Angesichts dieser Sachlage wird von der Nowosibirsker kinetischen Schule z. B. der Standpunkt vertreten, daß zwischen kinetischen Untersuchungen zur Aufklärung von Reaktionsmechanismen und solchen, die der Erarbeitung kinetischer Modelle für die Prozeßmodellierung dienen, schon heute kein prinzipieller Unterschied mehr besteht [1].

Natürlich muß man sich darüber im klaren sein, daß der zulässige Vertiefungsgrad der Untersuchungen in den Reaktionsmechanismus hinein, letztlich durch ökonomische Überlegungen bestimmt wird, denn solche Untersuchungen sind nicht billig.

Das unterstreicht auch aus dieser Sicht die Aussagen, die zur Notwendigkeit der Effektivitätssteigerung der kinetischen Forschung bereits gemacht wurden.

Die hier skizzierte Entwicklung ist internationaler Trend. Man muß jedoch sehen, daß die chemische Forschung unserer Republik erst beginnt, Schritte in dieser Richtung zu tun. Auch scheinen uns von der Industrie zur Zeit noch zu wenig Impulse für die Entwicklung der Reaktionskinetik im dargestellten Sinne auszugehen.

Eine ähnliche Feststellung könnte man sicher auch für die zweite Etappe der Prozeßanalyse, der detaillierten Untersuchung der *Makrokinetik* treffen.

Die weiteren Ausführungen sollen sich auf die *Mikrokinetik* beschränken und versuchen, einige Tendenzen der Entwicklung der experimentellen kinetischen Forschung widerzuspiegeln.

Bekanntlich unterscheiden wir in der chemischen Kinetik einfache, oder elementare von komplexen Reaktionen, je nachdem, ob der Weg von den Ausgangsstoffen zu den Endprodukten nur über einen oder über mehrere aktivierte Komplexe verläuft.

Bei der überwiegenden Mehrheit aller technisch interessanten Reaktionen handelt es sich um komplexe Reaktionen. Dazu gehören vor allem katalytische Reaktionen und Radikalkettenreaktionen. Ihre Untersuchung bildet daher auch das Hauptfeld der kinetischen Forschung.

Der traditionelle Weg ihres Studiums besteht in der sorgfältigen Analyse der zeitlichen Anhäufung möglichst aller stabilen Zwischenprodukte und daraus abgeleiteten Vorstellungen über die Art der aktiven Zwischenprodukte. Davon ausgehend wird ein wahrscheinlicher Reaktionsmechanismus konzipiert auf dessen Grundlage sich ein System von Differentialgleichungen ableiten läßt. Durch Anwendung des bekannten Bodensteinschen Quasistationaritätsprinzips erhält man daraus ein analytisch lösbares System algebraischer Gleichungen, das schließlich meistens einen Ausdruck für das Geschwindigkeitsgesetz der komplexen Reaktion abzuleiten gestattet.

In jedem Falle hat die Reaktionsordnung der Reaktanden in dieser Gleichung mit der experimentell bestimmten übereinzustimmen, wenn der angenommene Mechanismus als möglicher Mechanismus in Betracht gezogen werden soll. Weitere Kriterien der Richtigkeit des Mechanismus fehlten früher meistens, da aus Unkenntnis der kinetischen Parameter der angenommenen Elementarreaktionen quantitative Berechnungen von Geschwindigkeiten oder Anhäufungskurven von Zwischenprodukten nur in seltenen Fällen möglich waren.

Hier liegt einer der wichtigen Ansatzpunkte für die moderne Rechentechnik. Bevor wir darauf etwas näher eingehen und auch neuere Entwicklungen der Mechanismusforschung betrachten, einige Ausführungen zur *Mikrokinetik chemischer Elementarreaktionen.* Die Notwendigkeit der Bestimmung der kinetischen Parameter der Elementarreaktionen aus denen sich der Mechanismus einer komplexen Reaktion zusammensetzt, hat in den letzten fünfundzwanzig Jahren eine Fülle von experimentellen Arbeiten ausgelöst, in denen vor allem die Reaktionen von Atomen und freien Radikalen in gasförmiger oder flüssiger Phase intensiv untersucht wurden.

Wir verdanken es dem bekannten sowjetischen Kinetiker V. N. KONDRATJEW, daß vor einigen Jahren damit begonnen wurde, das durch diese Untersuchungen angehäufte Datenmaterial zu systematisieren, kritisch zu beurteilen und in speziellen Nachschlagewerken zu sammeln.

Vor zwei Jahren erschienen die Datensammlungen von V. N. KONDRATJEW über Gasphasenreaktionen neutraler Teilchen und über homolytische Reaktionen in flüssiger Phase von E. T. DENISSOW [2, 3]. Geplant sind ähnliche Wekre für Ionen-Molekül-Reaktionen in der Gasphase, für heterolytische Reaktionen, für topochemische Reaktionen und für elektrochemische Reaktionen. In den bereits erschienenen Büchern werden die kinetischen Daten von mehr als 10000 Elementarreaktionen der beiden genannten Klassen zusammengefaßt und kritisch gewertet.

Wir verfügen also bereits heute über ein umfangreiches Datenmaterial, mit dessen Hilfe es immer besser möglich wird, die Mechanismen komplexer Reaktionen quantitativ zu analysieren. Die erheblichen Fortschritte auf diesem Gebiet waren nur möglich durch die Entwicklung neuer bzw. Verfeinerung bekannter Untersuchungsmethoden. Es galt, die Elementarreaktionen möglichst isoliert und unabhängig von den übrigen Teilreaktionen eines komplexen Prozesses zu realisieren. Dazu mußten vor allem Wege zur künstlichen Erzeugung ausreichend hoher Atom- und Radikalkonzentrationen gefunden werden, deren Veränderung dann mit geeigneten, meistens spektroskopischen Methoden verfolgt werden konnten.

Zu den verbreitesten Methoden dieser Art gehört die *thermisch, photochemisch* oder *radiationschemisch bewirkte Dissoziation* von organischen oder anorganischen Molekülen.

Von diesen hat besonders die mit den Namen NORRISH und PORTER verbundene *Impuls- oder Blitzlichtphotolyse* große Verbreitung gefunden. Das Prinzip dieser Methode besteht bekanntlich darin, daß dem zu untersuchenden Gasgemisch im Verlaufe von wenigen Mikrosekunden eine Lichtenergie von einigen Hundert oder Tausend Joule zugeführt wird. Die dadurch verursachte Dissoziation der bestrahlten Moleküle führt zur Bildung freier Atome oder Radikale, die mit den vorhandenen Molekülen sowie mit sich selbst reagieren. Ihre Konzentrationsabnahme wird durch sehr kurzzeitige Lichteinstrahlungen spektroskopisch gemessen. Mit Hilfe dieser Methode sind bis heute eine sehr große Anzahl von Reaktionen kinetisch untersucht worden. Dazu gehört die Rekombination von Sauerstoff-, Brom- und Jod-Atomen sowie von CH-, OH-, CN- und CH_3-Radikalen, die Anlagerung von Wasserstoffatomen an

Olefine, von Sauerstoffatomen an Olefine und an molekularen Sauerstoff. Dazu gehört auch eine stattliche Anzahl Austauschreaktionen.

Der große Vorteil dieser Methode besteht darin, daß sie die Radikalkonzentrationen selbst meßbar macht.

Zu ihren Nachteilen gehört einmal als Folge der hohen absorbierten Energiemenge eine starke Neigung zur Selbsterwärmung des reagierenden Systems, zum anderen die Tatsache, daß die bei der Photodissoziation entstehenden Produkte oft überschüssige Energie besitzen — also entweder als „heiße" oder als angeregte Teilchen entstehen. Dadurch können erhebliche Abweichungen von der ARRHENIUS-Kinetik verursacht werden, die sich aber vermeiden lassen, wenn man die Bedingungen für eine ausreichende Energierelaxation schafft.

Ähnliche Schwierigkeiten bereiten auch die oft in Verbindung mit normalen *Strömungsapparaturen* als Radikalquelle benutzten verschiedenen Formen *elektrischer Entladungen.* Auch hierbei entstehen oft nicht unwesentliche Mengen langlebiger metastabiler Atome $N'(^2P)$; $N'(^2D)$ u. a. oder angeregter Moleküle, die Kinetik und Mechanismus der studierten Reaktion entstellen können. Bei der Anwendung von Strömungsapparaturen wird außerdem sehr häufig in der Materialbilanzgleichung das Diffusionsglied vernachlässigt. Es gibt Hinweise in der Literatur, daß dadurch beträchtliche Fehler in den Geschwindigkeitskonstanten verursacht werden können [4].

Nicht immer jedoch gelingt die unmittelbare Bestimmung der zeitlichen Änderung der Atom- oder Radikalkonzentrationen, sei es wegen der prinzipiellen Unbrauchbarkeit der Methoden für ein bestimmtes Radikal oder sei es wegen ihrer unter den Reaktionsbedingungen nicht ausreichenden Empfindlichkeit. In solchen Fällen hat sich die *Methode der konkurrierenden Reaktionen* als besonders brauchbar erwiesen. Man mißt das Verhältnis der Geschwindigkeiten zweier Reaktionen, an denen ein und dasselbe Atom oder freie Radikal beteiligt ist. Kennt man die Geschwindigkeitskonstante der einen Reaktion, so läßt sich die der anderen Reaktion aus dem Geschwindigkeitsverhältnis errechnen.

Als Standard muß natürlich eine Reaktion gewählt werden, deren Geschwindigkeitskonstante zuverlässig bestimmt wurde.

Bei Alkylradikalen wird gewöhnlich die Radikalrekombination selbst dafür ausgewählt.

Mit Hilfe dieser Methode ist eine sehr große Anzahl von Reaktionen vieler Radikale mit den verschiedensten Molekülen untersucht worden.

Auch andere Methoden, wie z. B. die *Methode der Verschiebung* der *Selbstentflammungsgrenzen,* kommen ohne die Bestimmung der Radikalkonzentrationen aus.

Erwähnt sei schließlich noch die vor allem für Untersuchungen bei sehr hohen Temperaturen (5000—15000 K) interesante *Stoßrohrtechnik*, mit deren Hilfe es möglich ist, Reaktionen unter Bedingungen zu untersuchen, wie sie in Plasmen auftreten. Auch für weniger hohe Temperaturen hat sich die Stoßrohrtechnik häufig als nützlich erwiesen, vor allem deshalb, weil sie einen oft nicht unbeträchtlichen katalytischen Einfluß der Reaktorwand total auszuschalten gestattet.

Keine der genannten Methoden ist, wie an einigen Stellen angedeutet, hinsichtlich der gemessenen kinetischen Parameter frei von Schwierigkeiten. Solche *Messungen* tragen daher *keinen Routinecharakter*, sondern verlangen ein sehr überlegtes, dem zu untersuchenden System angepaßtes Vorgehen, um Nebenreaktionen und andere Fehlerquellen so weit wie möglich auszuschließen. Die gewonnenen Daten erfordern eine sehr kritische Bewertung, um so mehr als verschiedene Methoden häufig unterschiedliche Werte liefern. Leider gibt die Theorie der chemischen Reaktionen heute noch wenig Möglichkeiten der kritischen Beurteilung solcher Daten.

Auch in den kommenden Jahren wird daher sehr viel von der weiteren Entwicklung und Vervollkommnung der experimentellen kinetischen Methoden abhängen. Das gilt um so mehr, als auch die Entwicklung der theoretischen Kinetik in sehr starkem Maße darauf angewiesen ist. Hier muß darauf verzichtet werden, die besondere Bedeutung, z. B. der *Methode der gekreuzten Molekularstrahlen* für die Theorie chemischer Elementarreaktionen näher zu begründen.

Es sei mir an dieser Stelle jedoch gestattet, die nicht zu unterschätzende Rolle *konventioneller kinetischer Theorien* für die Bewertung und Vorausberechnung von Präexponentialfaktoren hervorzuheben. Auf der Basis der Theorie des Übergangszustandes und einer Analyse der experimentell bestimmten Aktivierungsentropie einer Vielzahl von Reaktionen hat z. B. S. W. BENSON [5] begründete Regeln über die Änderung der Bindungslängen, der Schwingungsfrequenzen, der inneren Drehung sowie der Masse bei der Bildung des Übergangszustandes abgeleitet. Zur Abschätzung eines unbekannten Präexponentialfaktors setzt BENSON die Aktivierungsentropie aus den additiven Anteilen, die durch die genannten Änderungen verursacht werden, zusammen. Dieses Verfahren ist völlig analog dem Vorgehen bei der Abschätzung unbekannter Entropiewerte aus dem Vergleich mit Modellverbindungen bekannter Entropie.

BENSON hat gezeigt, daß es auf diesem Wege möglich ist, Präexponentialfaktoren für Radikalreaktionen mit einer mittleren Genauigkeit um den Faktor 2 und einer maximalen Abweichung von etwa einer Zehnerpotenz zu errechnen.

Auf die Bedeutung der *Aktivierungsentropie-Analyse* auch bei hetrogenkatalytischen Reaktionen haben in den letzten Jahren ROITER und GOLODEZ [6] in der UdSSR hingewiesen. Sie gestattet es, wichtige Informationen über die Struktur des aktivierten Komplexes im limitierenden Reaktionsstadium zu gewinnen, die bisher mit keiner anderen Methode zugänglich sind. Das Hauptproblem besteht jedoch hier in der richtigen Zuordnung des experimentell gefundenen Wertes der Aktivierungsentropie, da katalytische Reaktionen ja immer komplexen Charakter besitzen. Hieran anknüpfend sei die Feststellung erlaubt, daß für die technisch sicher bedeutsamsten heterogenkatalytischen Reaktionen eine quantitative Charakterisierung ihrer Elementarvorgänge in den allerersten Anfängen steckt. Von einer Zusammenstellung allgemein verwendbarer kinetischer Parameter eindeutig definierter Elementarreaktionen aus denen sich der komplexe Vorgang aufbauen und berechnen ließe, sind wir hier noch weit entfernt.

Die Ursachen sind in der Tatsache zu suchen, daß die Mehrzahl aller Katalysatoren kinetisch heterogene, reaktive Oberflächenzentren besitzen und darüber hinaus die wichtigsten Katalysatoreigenschaften nicht die der unbedeckten Oberfläche sind, sondern diejenigen, die sie im Zustand der stationären chemischen Reaktion annimmt. Das macht die Untersuchung der Reaktionen auch als Funktion des Bedeckungsgrades und des jeweiligen Formierungsprozesses der katalytisch wirksamen Oberfläche notwendig.

Arbeiten mit dieser Zielstellung werden jetzt immer häufiger, wenngleich dabei auch vorerst relativ einfache katalytische Reaktionen im Vordergrund stehen.

Was die Situation der Forschung in der DDR auf dem Gebiet der Kinetik chemischer Elementarprozesse anbetrifft, so muß gesagt werden, daß es bei uns hierzu bisher keine systematischen Forschungsbeiträge gibt.

Die Bedeutung, die Katalyse, Polymerisationsprozesse und pyrolytische Prozesse in unserer chemischen Industrie haben, legt jedoch die Frage nahe, ob hier nicht ein größeres, wenn auch begrenztes Engagement in unserer Grundlagenforschung vonnöten ist. Ansatzpunkte dazu sind vorhanden.

Komplexe Reaktionen sind wie bereits erwähnt das Hauptfeld der Anwendung *moderner Rechentechnik* in der angewandten chemischen Kinetik. Heute existieren Methoden und Algorithmen für die numerische Lösung von Systemen gewöhnlicher nichtlinearer Differentialgleichungen der klassischen Kinetik. Das gilt sowohl für komplexe Reaktionen, an denen nur Moleküle beteiligt sind, als auch für die so wichtige Klasse chemischer Reaktionen, die Atome und Radikale einschließen. Das ist die Grundlage der mathematischen Modellierung komplexer Reaktionssysteme.

Im wesentlichen hat man es bei der Berechnung solcher Systeme mit *drei Aufgabenstellungen* zu tun.

Im *ersten Fall* geht man aus von begründeten Annahmen über die Elementarreaktionen (Stadien) eines komplexen Prozesses und kennt ihre Geschwindigkeitskonstanten. Die Lösung des Gleichungssystems liefert dann die Konzentration aller Reaktionskomponenten als Funktion der Zeit und gestattet so den Vergleich mit experimentellen kinetischen Kurven.

Je nach Umfang der notwendigen Rechenarbeit lassen sich ebenfalls Variationen des Reaktionsmechanismus durchrechnen und die Ergebnisse mit dem Experiment vergleichen. Durch spezielle Methoden ist es darüber hinaus oft möglich, den Grad der Empfindlichkeit des gewählten Mechanismus gegenüber der Änderung einzelner oder einer Gruppe von Geschwindigkeitskonstanten abzuschätzen. Einbezogen als weitere zusätzliche Information ist natürlich die Empfindlichkeit des postulierten Reaktionssystems auf eine Änderung der Reaktionsbedingungen.

Eine *zweite Aufgabenstellung* ergibt sich, wenn ein Reaktionsschema angenommen wird und die kinetischen Kurven für die Anhäufung aller oder einiger Reaktionskomponenten experimentell ermittelt worden sind. In diesem Fall besteht das Ziel in der Berechnung aller oder einiger Geschwindigkeitskonstanten der Elementarstadien, deren numerischer Wert so angepaßt wird, daß optimale Übereinstimmung mit den experimentellen Daten vorliegt.

Als *dritte Aufgabenstellung* der Berechnung komplexer Reaktionen verbleibt schließlich die Auswahl des wahrscheinlichsten Reaktionsmechanismus zwischen mehreren möglichen. Es versteht sich, daß die Lösung dieser Aufgabe die Lösung der beiden ersten Aufgaben voraussetzt. Für jede dieser Aufgaben, sind in den letzten Jahren eine große Anzahl von Methoden beschrieben worden.

Die Beherrschung des notwendigen mathematischen Apparates und das Vorhandensein des physikalisch-chemischen Verständnisses machen offenbar für die rationelle Lösung solcher Berechnungen das gemeinsame Vorgehen von Chemikern und Mathematikern zur Bedingung.

Neben diesen bedeutsamen Fortschritten in der Erforschung der Kinetik komplexer Reaktionen als Folge der Anwendung der Rechentechnik muß auf eine Reihe von Entwicklungen in den experimentellen Untersuchungsmethoden hingewiesen werden, die erheblich auch zur Steigerung der Effektivität der kinetischen Forschung beitragen.

An erster Stelle wäre hier die Weiterentwicklung der Reaktortechnik zu nennen, durch die der für die Bestimmung kinetischer Parameter experimentell zugängliche Bereich erweitert und die Sicherheit der gewonnenen Ergebnisse erhöht wird. Ein typisches Beispiel hierfür ist die Entwicklung von *gradientenfreien Reaktoren* in der heterogenen Katalyse, die die unmittelbare Geschwindigkeitsmessung bei beliebigem Umsatzgrad ermöglichen und zugleich die Untersuchung des kinetischen Einflusses aller Reaktionsprodukte erheblich erleichtern. In den letzten Jahren sind die verschiedensten Varianten solcher Reaktoren vorgeschlagen und entwickelt worden, die sich im wesentlichen durch die Wege auf denen die ideale Durchmischung erreicht wird, unterscheiden. Ihre Verwendung für kinetisch einwandfreie Messungen und Vergleiche katalytischer Aktivitäten ist ein entscheidender Faktor für eine möglichst hohe Verallgemeinerungsfähigkeit katalytischer Untersuchungsergebnisse.

Man kann sagen, daß die Katalyseforschung in der DDR in den letzten fünf Jahren verstärkt zur Anwendung dieser modernen kinetischen Untersuchungsmethodik übergegangen ist.

Ein weiteres Kennzeichen der modernen Kinetik ist die *Verbindung kinetischer Messungen* mit anderen physikalisch-chemischen Methoden, insbesondere der Spektroskopie, die eine kontinuierliche oder auch diskontinuierliche Verfolgung von intermediären Produkten erlaubt. Solche Methoden die in der homogenen Kinetik bereits eine erhebliche Rolle spielen, haben in den letzten Jahren auch Anwendung bei der Untersuchung heterogenkatalytischer Reaktionen gefunden. Allerdings war es bisher nur im Ausnahmefall möglich, die Ableitung der Kinetik einer Reaktion unmittelbar aus den spektroskopisch bestimmten Oberflächenkonzentrationen der an der Reaktion beteiligten Spezies vorzunehmen. Typisch ist auch die immer noch zunehmende Anwendung stabiler und radioaktiver Isotopen bei der Untersuchung komplexer Reaktionen. Das gilt insbesondere auch für die Aufklärung des Mechanismus der Wechselwirkung von Gasmolekülen mit der Katalysatoroberfläche sowie zur Aufklärung der Genesis intermediärer Zwischenprodukte und limitierender Reaktionsstadien. Dabei werden sowohl kinetische als auch spektroskopische Isotopeneffekte genutzt.

Von großer Bedeutung für die kinetische Forschung war und ist ebenfalls die weitere Vervollkommnung der analytischen Methoden zur schnellen und zuverlässigen Analyse der Reaktanten sowie der Zwischen- und Endprodukte. Besonders hervorzuheben wäre hier die hervorragende Rolle der Gaschromatographie, die seit Beginn der sechziger Jahre einen enorm stimulierenden Einfluß auf kinetische Untersuchungen ausübt. Sie erschließt uns heute die Möglichkeit der direkten Kopplung eines kinetischen Reaktors mit der Analyseeinheit, wodurch bei gleichzeitigem Anschluß eines Kleinrechners die teilweise Automatisierung kinetischer Apparaturen möglich wird. Zugleich läßt sich die Genauigkeit der im Experiment erhaltenen Meßdaten erhöhen.

Abschließend sei kurz auf Methoden hingewiesen, die vor allem deswegen interessant sind, weil sie quantitative Informationen über Einzelstadien komplexer Reaktionen zu erhalten gestatten. Sie werden damit oft zu vorteilhaften Methoden des schnellen Erkennens des Typs der Geschwindigkeitsgleichung einer komplexen Reaktion oder wie der moderne Begriff dafür heißt: *der Modellidentifizierung.* Das gilt insbesondere für heterogenkatalytische Reaktionen.

Von erheblicher Bedeutung für die Untersuchung solcher Reaktionen ist die Impulstechnik, die einen Sonderfall der nichtstationären Kinetik darstellt. Mit ihrer Hilfe ist es z. B. möglich, eine eindeutige Entscheidung über die Frage herbeizuführen, ob die Selektivoxydation an oxidischen Katalysatoren über einen assoziativen oder über einen Reduktions-Oxydationsmechanismus verläuft. Dies geschieht über die getrennte Bestimmung der Geschwindigkeit der Teilprozesse und ihren Vergleich mit der Geschwindigkeit der Katalyse unter stationären Bedingungen eines Katalysators.

In diesem Zusammenhang sind ebenfalls die relaxationskinetischen Methoden zu erwähnen, deren Vorteile in den letzten beiden Jahren auch auf dem Gebiet der Kinetik heterogenkatalytischer Reaktionen zunehmend genutzt werden. Durch Anwendung von Konzentrationssprungmethoden (als Abweichung vom Gleichgewichtszustand sowohl als auch vom stationären Zustand) ist es möglich, zusätzliche Informationen über Adsorptions- und Desorptionsvorgänge sowie über adsorbierte und desorbierte Mengen der beteiligten Komponenten unmittelbar unter Reaktionsbedingungen zu erhalten. Diese Informationen können insbesondere für die Modelldiskriminierung von entscheidender Bedeutung sein.

Es sei mir zum Schluß der Hinweis erlaubt, daß aus der Fülle aktueller Probleme der chemischen Kinetik hier natürlich nur eine Auswahl behandelt werden konnte. Wir haben uns bemüht, diese vom Standpunkt der technischen Anwendung zu treffen und die methodischen Aspekte in den Vordergrund zu stellen.

Unerwähnt geblieben ist aber auf jeden Fall das umfangreiche Gebiet der Kinetik von Festkörperreaktionen trotz seiner sicher großen technischen Bedeutung.

Literatur

[1] M. G. SLINKO, Kinet. i Katalis (1972) 566

[2] W. N. KONDRATJEW, „*Geschwindigkeitskonstanten von Gasphasenreaktionen*“, russ., Moskau 1971, Isd. „Nauka“

[3] E. T. DENOSSOW, „*Geschwindigkeitskonstanten homolytischer Flüssigphasenreaktionen*“, russ., Moskau 1971, Isd. „Nauka“
[4] W. N. KONDRATJEW, Isw. A. N. USSR, ser. chim. (1964) 166
[5] S. W. BENSON, „*Thermochemical Kinetics*“ engl., New York—London—Sydney 1968, John Wiley u. Sons
[6] G. N. GOLODEZ, W. A. ROITER, Problemi kinetiki i Katalisa XII, (1968) 76

Schlußfolgerungen

Nach einer sehr angeregten Diskussion, in der nahezu alle an der Klassensitzung teilnehmenden Mitglieder und Gäste das Wort ergriffen, wurden die nachstehend genannten Schlußfolgerungen gezogen:

1. Das Gebiet der chemischen Reaktionskinetik ist auf der Grundlage dieser Ausarbeitung und der während der Diskussion gemachten Vorschläge als ein besonderer Abschnitt in die Hauptforschungsrichtung I des Programms „Stoffe und Stoffwandlung“ einzuarbeiten. Die vielfältigen Verflechtungsbeziehungen zu den anderen Gebieten der Chemie, der Physik und der Biologie sind dabei darzulegen. Die Entwicklung des Potentials der reaktionskinetischen Forschung in der DDR ist in einer Problemdiskussion im Rahmen der HFR I zu überprüfen.

2. Die Bearbeitung theoretischer Fragen der chemischen Reaktionskinetik wird auch in Zukunft die zentrale Aufgabe der Abteilung „Theoretische Chemie des Zentralinstituts für physikalische Chemie“ sein. Für die langfristig zu planenden Forschungsarbeiten ist die gegenwärtig zur Verfügung stehende Kapazität in den nächsten Jahren zu verstärken.

3. Der Kinetik von Kettenreaktionen ist im Hinblick auf die Bedeutung der Untersuchungen über die Bildung organischer und anorganischer Hochpolymere besondere Aufmerksamkeit zu schenken. Die hierfür erforderlichen Arbeiten sollen unter Einbeziehung der Forschungsprobleme der Industrie in der HFR VI des Programms „Stoffe und Stoffwandlung“ ausgewiesen werden.

4. Der weiteren Einbeziehung physikalischer Analysenmethoden zur Ermittlung kinetischer Daten ist verstärkte Aufmerksamkeit zu schenken, was sich in den Aufgabenstellungen der Forschungsrichtung Analytik der HFR I widerspiegeln muß.

5. Der formalkinetischen Analyse von Produktionsverfahren kommt im Hinblick auf die Modellierung und die Rationalisierung von Produktionsprozessen eine steigende Bedeutung zu. Die hierfür erforderlichen Arbeiten sind in der HFR II des Programms „Stoffe und Stoffwandlung“ auszuweisen.

Bei Fragen zur Produktsicherheit wenden Sie sich bitte an:
If you have any questions regarding product safety,
please contact:

Walter de Gruyter GmbH
Genthiner Straße 13
10785 Berlin
productsafety@degruyterbrill.com